BEI GRIN MACHT SICH IHR WISSEN BEZAHLT

- Wir veröffentlichen Ihre Hausarbeit, Bachelor- und Masterarbeit

- Ihr eigenes eBook und Buch - weltweit in allen wichtigen Shops

- Verdienen Sie an jedem Verkauf

Jetzt bei www.GRIN.com hochladen und kostenlos publizieren

Bibliografische Information der Deutschen Nationalbibliothek:

Die Deutsche Bibliothek verzeichnet diese Publikation in der Deutschen National-
bibliografie; detaillierte bibliografische Daten sind im Internet über http://dnb.d-
nb.de/ abrufbar.

Impressum:

Copyright © 2010 GRIN Verlag, Open Publishing GmbH
Druck und Bindung: Books on Demand GmbH, Norderstedt Germany
ISBN: 9783640629527

Marc Weinrich

Biosprit auf Kosten des Regenwaldes. Der Palmölanbau in Südostasien

GRIN Verlag

Institut für Geographie, Universität Hildesheim

Hausarbeit im Rahmen des Hauptseminars „Energiegeographie"
zum Thema

BIOSPRIT AUF KOSTEN DES REGENWALDES:

PALMÖLANBAU IN SÜDOSTASIEN

Wintersemester 2009/2010

Abgabedatum: 31.03.2010

Marc Weinrich

INHALTSVERZEICHNIS

1. Einleitung

Die erste Assoziation, die man für gewöhnlich mit dem Wort „Bio-" wie in „Bio-Lebensmittel", „Bio-Siegel" oder „Biosprit" hat, umfasst Attributionen wie „umweltfreundlich", „naturbewusst" und „gut für die Gesundheit". Der Umweltgedanke versteckt sich unter anderem auch hinter der Einführung der Beimischung von Biotreibstoffen, wie es die EU von ihren Mitgliedsstaaten verlangt. Doch wie „bio" ist der „Biosprit" wirklich? Die folgende Arbeit wirft einen kritischen Blick auf das Palmöl, von dem sich viele erhoffen, dass es den Ansprüchen an einem nachhaltig produzierten Biodiesel gerecht wird.

2. Die Ölpalme und ihre Nutzung

2.1 Herkunft

Die Ölpalme ist eine Pflanze, die an die klimatischen Bedingungen des tropischen Regenwaldgürtels angepasst und deshalb nur dort anzufinden ist. Ursprünglich stammt sie von der Guinea-Küste Westafrikas, wo sie seit jeher als Speiseölquelle für den heimischen Markt dient (vgl. Scholz, 2004:10). Durch die Kolonialmächte kam die Pflanze um 1917 nach Malaysia, wo sie seit 1960 extensiv angebaut wird. Seit 1980 wird der Anbau auch in Indonesien im großen Stil betrieben.

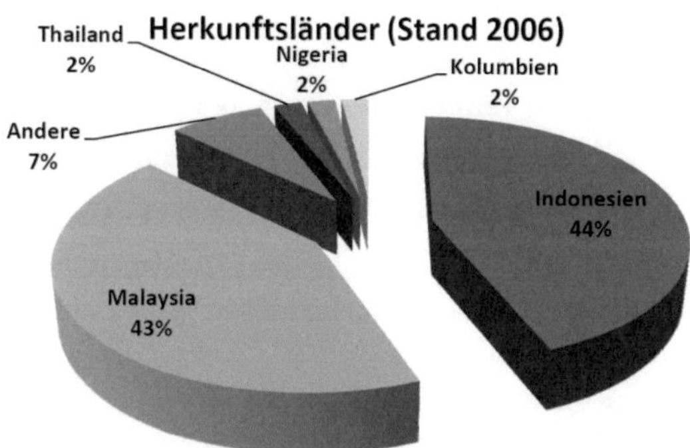

Abbildung 1: Anteile der Herkunftsländer der Ölpalme in Prozent (United States Department of Agriculture, 2007)

Wie aus der Abbildung 1 ersichtlich wird, findet mit knapp 90% der Großteil des Palmölanbaus in Malaysia und Indonesien statt, wobei der Anteil Indonesiens stetig wächst und Malaysia als Hauptherkunftsland bereits abgelöst wurde.

2.2 Gewonnene Produkte

Drei Rohprodukte werden aus der Ölpalme gewonnen: Palmöl, Palmkernöl sowie Palmkernschrot. Laut Scholz (2004:11) ist die Ölpalme damit „die einzige Nutzpflanze, die zwei verschiedene Öle liefert." Das Palmöl wird aus dem Fruchtfleisch der Palmenfrucht gewonnen und macht 88% des Ölanteils aus. Aufgrund des hohen Anteils (gesunder) ungesättigter Fettsäuren findet dieses Öl hauptsächlich in der Nahrungsmittelindustrie Einsatz (siehe Kapitel 2.3). Für die Verwendung als Biodiesel ist dieses Öl ebenfalls verwendbar (siehe Kapitel 2.4).

Das Palmkernöl, das einen Anteil von 12% des gewonnenen Öls der Pflanze hat, wird hauptsächlich von der oleochemischen Industrie für Kosmetika und Waschmittel verwendet, da es sich wegen der überwiegend gesättigten Fettsäuren weniger für den Verzehr eignet (vgl. Reinhardt et al., 2007:8).

Das Palmkernschrot stellt ein Abfallprodukt der Palmkerne dar und ist deshalb ein günstiges Erzeugnis. Es ist sehr eiweißreich und wird vor allem als Tierfutter in der europäischen Massentierhaltung verwendet (vgl. Reinhardt et al., 2007:28).

2.3 Der internationale Palmölhandel

In Deutschland ist laut Glastra et al. (2002:27) Palmöl zusammen mit Palmkernöl mit 22% das am zweithäufigsten verwendete Pflanzenöl nach Raps mit 39%. Weltweit gesehen ist Palmöl bereits marktführend in der Produktion und im Handel und liegt mit 33,24 Mio. t vor Sojaöl mit 32,43 Mio t (vgl. Reinhardt et al., 2007:10). Neben Europa sind vor allem Indien und China die Hauptabnehmer für Palmöl. Aufgrund der starken Lobby für Soja, konnte sich Palmöl derzeit noch nicht auf dem amerikanischen Markt durchsetzen.

Betrachtet man den Anteil des verwendeten Palmöls in Deutschland, der knapp ein Viertel des gesamten Pflanzenöls beträgt, so ist davon auszugehen, dass jeder Deutsche fast täglich mit einem Produkt, das Palmöl enthält, in Berührung kommt. Laut Scholz (2004:11) versteckt sich Palmöl bei Inhaltsangaben von Lebensmitteln oder anderen Produkten, häufig hinter der allgemein gehaltenen Bezeichnung „pflanzliche Öle", wodurch sich die meisten Deutschen nicht bewusst sind, dass sie Palmöl überhaupt in derartigen Mengen konsumieren.

2.4 Vor- und Nachteile der Ölpalme und des Palmöls

2.4.1 Arbeitskräfte

Da das Lohnniveau besonders in Indonesien, das sich mittlerweile als Schwellenland bezeichnet (vgl. Strube-Edelmann, 2006:7), generell sehr niedrig ist, wird Palmöl sehr günstig produziert und ist deshalb gegen seine Hauptkonkurrenten Soja-, Raps- und Sonnenblumenöl sehr gut positioniert, „obwohl diese in ihren Erzeugerländern, vor allem in den USA und in der EU, massiv subventioniert werden" (Scholz, 2004:12).

Die Produktion von Palmöl in Indonesien hat zwar die in Malaysia überstiegen; der Sitz der meisten Industriekonglomerate, die im Palmölhandel mitwirken, ist jedoch weiterhin das wirtschaftlich besser aufgestellte Malaysia. Da die Löhne dort jedoch wesentlich höher liegen, sind vor allem zwei Maßnahmen ergriffen worden, um eine günstige Produktion durch günstige Arbeitskräfte sicherzustellen: Erstens wurden indonesische Gastarbeiter nach Malaysia geholt, die nur knapp über dem indonesischen Lohnniveau bezahlt werden und zweitens haben malaysische Firmen nach Indonesien expandiert (vgl. Pye, 2008:432f). Dort verdient ein Arbeiter laut Scholz (2004:13) umgerechnet ca. 40 € im Monat und lebt damit trotz Arbeit an der Grenze zur Armut. Die Löhne machen ca. 50% der Produktionskosten des Palmöls aus. Schließlich handelt es sich bei der Ölpalme um eine Pflanze, die, anders als zum Beispiel Raps oder Soja, aufgrund ihrer Höhe nur arbeitsaufwändig von Hand geerntet werden kann. Scholz (2004:13) schließt daraus, dass „schon bei mäßiger Lohnerhöhung [...] Palmöl seinen Wettbewerbsvorteil gegenüber den Konkurrenzölen einbüßen" könnte, da die Produktionskosten stark steigen würden.

2.4.2 Produktivität und Ertrag

Ein wesentlicher Nachteil von Baumkulturen wie der Ölpflanze ist die lange Vorertragsphase in der die Pflanzen nicht produktiv sind. „Erst nach drei Jahren beginnt die Palme zu fruchten und erst mit sieben bis zehn Jahren erreicht sie ihre volle Produktivität" (Scholz, 2004:13). Dadurch ist es ebenfalls nicht möglich kurzfristig auf andere Kulturen, wie es beim Soja oder Raps möglich ist, umzustellen, um möglicherweise auf den Markt zu reagieren.

Andererseits hat die Pflanze eine extrem hohe Flächenproduktivität verglichen mit den Konkurrenzpflanzen. So liegt der jährliche Ertrag der Palme bei durchschnittlich

3,57 t Öl pro ha. Raps als zweitertragreichste Pflanze kommt auf gerade einmal 0,57 t Öl im Jahr pro ha und wird dabei von der Ölpalme um das sechsfache übertroffen (vgl. Reinhardt et al., 2007:9).

2.4.3　Anpassung der Pflanze

Da die Ölpalme in den dauerfeuchten Tropen beheimatet ist, unterliegt sie keinem periodischen Vegetationszyklus. Das bedeutet, dass sie ganzjährig wachsen und Ertrag bringen kann und das Problem von Saisonarbeit ebenfalls nicht gegeben ist (vgl. Scholz, 2004:13). Desweiteren ist die Pflanze gut an die nährstoffarmen Ferralsolböden der dauerfeuchten Tropen angepasst. Für den Dünger sorgt die Pflanze selbst, indem sie sich von ihrer eigenen organischen Substanz ernährt. Dabei handelt es sich um abgeschlagene Palmwedeln und geleerte Fruchtstände (vgl. Scholz, 2004:14). Auch der Einsatz von Pestiziden hält sich laut Scholz (2004:14) in Grenzen, da sich die Pflanze bis jetzt sehr resistent gegen jegliche Art von Schädlingen gezeigt hat.

Als Nachteil ist die schnelle Verrottung der Früchte zu sehen. Innerhalb von 24 Stunden müssen die Früchte weiterverarbeitet werden, da sie ansonsten verrotten und keinen Ertrag mehr bringen. Das führt dazu, dass kleine Vertragsbauern von Großbetrieben abhängig bleiben, da sie die schnelle Weiterverarbeitung allein nicht leisten könnten (vgl. Pye, 2008:442).

3.　Palmöl als Biodiesel

Die meisten Pflanzenöle ähneln in ihren Eigenschaften herkömmlichem Diesel stark; jedoch unterscheiden sie sich in einigen Werten wie zum Beispiel in ihrer Viskosität (vgl. Reinhardt et al., 2007:11). Um Pflanzenöl als Biodiesel einsetzen zu können, gibt es zwei Möglichkeiten: entweder werden die Motoren für Pflanzenöl umgerüstet oder die Pflanzenöle werden chemisch so umgewandelt, dass sie die gleichen Eigenschaften wie Diesel besitzen. Dieser Prozess der Umwandlung wird als *Umesterung* bezeichnet (vgl. Reinhardt et al., 2007:12).

Durch Umesterung von Pflanzenöl mit Methanol entsteht als Reaktionsprodukt (Pflanzenöl-) Fettsäuremethylester (FAME), der dem Dieselkraftstoff in wesentlichen Eigenschaften ähnlich ist und allgemein als Biodiesel bezeichnet wird (Reinhardt et al., 2007:12).

Die Ziele des Einsatzes von Biokraftstoffen sind einmal die Reduzierung von CO_2-Emissionen gegenüber den herkömmlichen fossilen Treibstoffen sowie der Aspekt der Nachhaltigkeit, da es sich um nachwachsende Rohstoffe handelt, von denen man hofft, dass man durch sie eine langfristige Energieversorgung sicherstellen kann (vgl Pye, 2008:431f). Es ist schließlich zu erwarten, dass die Förderung fossiler Energieträger aufgrund ihres begrenzten Vorkommens eines Tages zu Ende geht. Außerdem erhofft man sich in der EU die Unabhängigkeit vom Öl und vom Ölpreis und sieht die „Förderung von Biokraftstoffen als verlässliche Alternative zum Öl im Verkehrssektor" (Europäische Union, 2007).

Die Europäische Union gibt vor, den Anteil von Biokraftstoffen im Diesel sowie im Benzin (wo Bioethanol beigemischt wird, das zum Beispiel aus Zuckerrohr gewonnen werden kann) schrittweise zu erhöhen. Die Vorgabe für das Jahr 2005 sah einen Beimischungsanteil von 2% vor. Die meisten EU-Staaten blieben jedoch noch deutlich unter dieser Vorgabe (vgl. Reinhardt et al., 2007:16). Für das Jahr 2010 ist eine Quote von 5,75% geplant, wobei die tatsächliche Umsetzung in allen EU-Staaten fraglich erscheint. Schließlich ist für das Jahr 2020 eine Beimischung von 10% vorgesehen. Diese Vorgaben sind jedoch weiterhin freiwillig und damit nicht bindend, was bedeutet, dass keine Sanktionen bei Nichterreichen auferlegt werden (vgl. Pye, 2008:429).

Laut Breuer et al. (2008:60) lag im Jahr 2006 der Anteil von Raps der aus den EU-Ländern stammt in der Gesamtproduktion von Biodiesel mit 73,2% deutlich vor den Konkurrenzpflanzen. Da der Bedarf aufgrund der Nachfrage für Biodiesel groß ist, stieg auch der Preis für Rapsöl deutlich an. An zweiter Stelle lag Soja mit 13,8% vor Palmöl mit abgeschlagenen 2,2% Anteil des europäischen Biodiesels. Eine zehn prozentige Agrodieselbeimischung würde laut Pye (2008:440) einen jährlichen Bedarf von 15,7 Millionen Tonnen Pflanzenöl erzeugen, „wovon der europäische Rapsanbau nur 6 Mio. befriedigen könne" (Pye, 2008:440). Das *Malaysian Palm Oil Council* (MPOC), eine halb staatliche, halb private Organisation, die als Dachverband für Industrie und Landwirtschaftsministerium in Malaysia fungiert, und deren

Kernaufgabe es ist, Palmöl zu vermarkten, sieht Palmöl gut positioniert, um die Lücke von 9 Millionen Tonnen Agrodiesel zu schließen. „Zum Vergleich: Die gesamte Produktion von Palmöl in Malaysia betrug 2007 15,8 [Mio.] und in Indonesien 16,8 Mio. Tonnen" (Pye, 2008:440).

Die EU treibt, laut Reinhardt et al. (2007:21), ebenfalls den Import von Pflanzenölen aus dem EU-Ausland voran, da sie die eigenen Produktionskapazitäten begrenzt sehen. Deshalb wird dies seitens der EU

> durch den Verzicht auf die Erhebung von Importzöllen auf Palmöl für den technischen und industriellen Gebrauch außerhalb der Nahrungsmittel-industrie aus den Hauptanbauländern Malaysia und Indonesien unterstützt (Reinhardt et al., 2007:21).

Auch im Herkunftsland Malaysia wird eine Beimischung von Agrodiesel in Form von Palmöl von 5% angestrebt, „um sowohl Exportmärkte zu sichern als auch die Preise für Palmöl hochzuhalten" (Pye, 2008:440).

Es bleibt zu hinterfragen, welche globalen sozialen und ökologischen Konsequenzen es hat, wenn die zukünftig stark steigende Nachfrage an Palmöl gedeckt werden soll. Diese Frage soll im nächsten Kapitel erläutert werden.

4. Der Anbau der Ölpalme und dessen Konsequenzen

4.1 Flächenexpansion

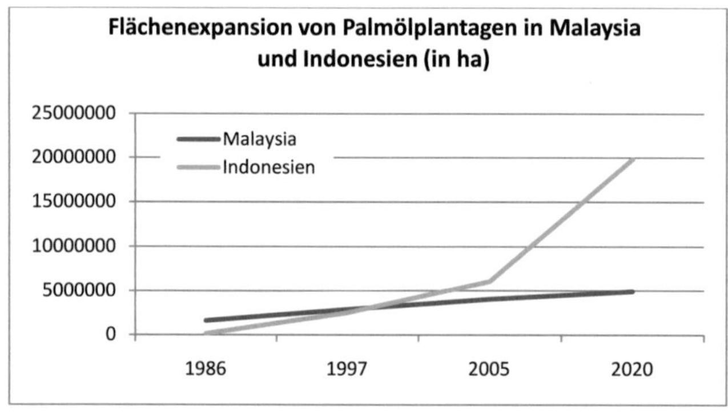

Abbildung 2: Eigene Darstellung nach Daten aus Pye (2008:439)

Wie aus Abbildung 2 ersichtlich, wird besonders in Indonesien in den kommenden Jahren eine verstärkte Flächenexpansion der Palmölplantagen stattfinden, indem sich die Fläche im Vergleich zu 2005 auf 20 Mio. ha bis 2020 mehr als verdoppeln wird, was circa einem Achtel der gesamten Landfläche Indonesiens entspricht (nach Central Intelligence Agency, 2010).

In Malaysia verdoppelten sich die Flächen des Palmölanbaus zwischen den Jahren 1986 und 1997 auf knapp 3 Mio. und bis 2005 wuchsen sie weiter auf über 4 Mio. ha. „Mittlerweile machen Palmölplantagen zwei Drittel der gesamten landwirtschaftlichen Fläche Malaysias aus" (Pye, 2008:438).

Die Frage, die vor allem über die Erfüllung der Kriterien über Nachhaltigkeit entscheidet, ist jedoch, was für Flächen für die Palmölplantagen genutzt werden und ob doch möglicherweise Regelwald durch Rodung weichen muss. Das MPOC behauptet jedoch, dass hauptsächlich degradierte Kulturböden und Grasland für die neu errichteten Palmölplantagen genutzt werden (vgl. MPOC, 2009). Studien belegen allerdings, dass bereits zwischen 1990 und 2002 47 Prozent und damit knapp die Hälfte der neu angelegten Palmölplantagen nur durch die Entfernung von primärem Regelwald errichtet werden konnten (vgl. Brown & Jacobson, 2005:10).

Malaysias Palmölanbau sieht sich mittlerweile mit zwei Problemen konfrontiert: Erstens sind die einheimischen Arbeitskräfte teuer und knapp und zweitens sind die Bodenpreise vor allem in Westmalaysia sehr hoch, weshalb „bestehendes Plantagenland [...] in Industriegelände, Wohngebiete, Golfplätze oder ganze Satellitenstädte umgewandelt [wird]" (Scholz, 2004:16). Nur in Ost-Malaysia wäre noch genügend Land für Plantagen vorhanden, jedoch fehlen dort die Arbeitskräfte. Deshalb wird inzwischen die Produktion ins kostengünstige Indonesien verlagert, wo die Bodenpreise günstig sind und es kaum rechtliche Auflagen gibt, die das Land und dessen Regenwald vor übermäßigen Eingriffen schützen würden (vgl. Scholz, 2004:16).

Laut Greenpeace (2007:2) existierten in Indonesien im Jahr 2007 nur noch 88,5 Mio. ha Regenwald. Um 1950 waren es noch ungefähr doppelt so viel. „Schneller als jedes andere Land büßt Indonesien derzeit Waldfläche ein. Rund 51

Quadratkilometer Wald werden jeden Tag zerstört; das sind mehr als 300 Fußballfelder pro Stunde" (Greenpeace, 2007:2). Gut die Hälfte des Einschlags ist nach Browne & Jacobson (2005:10) auf die Errichtung von Palmölplantagen zurückzuführen, wobei die Weltbank laut Greenpeace (2007:2) schätzt, dass „bis zu 80 Prozent der Abholzungsmaßnahmen in Indonesien illegal durchgeführt werden." Innerhalb von zehn Jahren (zwischen 1995 und 2005) konnte sich so die Fläche in Indonesien, die mit Palmölplantagen bepflanzt ist, verdreifachen (vgl. Greenpeace 2007:3).

Greenpeace (2007:3) kritisiert außerdem die Erschließung von Palmölplantagen auf den besonders kohlenstoffdioxidhaltigen Torfböden. Folgendes Zitat aus einer vielzitierten Studie von *Wetlands International* liefert eine Übersicht über die Problematik der Torfböden (Hooijer, Silvius, Wösten, & Page, 2006:7):

> Forested tropical peatlands in SE Asia store at least 42,000 Megatonnes of soil carbon. This carbon is increasingly released to the atmosphere due to drainage and fires associated with plantation development and logging. Peatlands make up 12% of the SE Asian land area but account for 25% of current deforestation. Out of 27 million hectares of peatland, 12 million hectares (45%) are currently deforested and mostly drained. One important crop in drained peatlands is palm oil, which is increasingly used as a biofuel in Europe.

4.2 Ökologische Folgen der Regenwaldzerstörung im Zuge des Ölpalmbooms

Der tropische Regenwald beheimatet ungefähr 70% aller Pflanzen- und Tiergattungen die auf der Erde vorhanden sind (vgl. Brown & Jacobson, 2005:11). Eine Vielzahl dieser Arten ist durch die Zerstörung des Regenwaldes bedroht und bereits jetzt ist ein hoher Verlust an Biodiversität festzustellen, der auf menschliche Aktivitäten zurückzuführen ist (vgl. Reinhardt et al., 2007:22). Pye (2009:12) schreibt, dass bereits „eine Verringerung der Artenvielfalt um 61-80 Prozent bei Vögeln, um 94-100 Prozent bei Affen und um 87 Prozent bei Fledermäusen" festzustellen ist. Vor allem ist der Orang-Utan betroffen, den es lediglich auf Sumatra und auf Borneo gibt. Brown & Jacobson (2005:11) gehen davon aus, dass schon um das Jahr 2015 der

Orang-Utan aufgrund des Palmölanbaus aussterben könnte; schließlich habe sich sein Vorkommen innerhalb von acht Jahren bereits halbiert.

Desweiteren sprechen Reinhardt et al. (2007:23) von den lokalen, regionalen und globalen ökologischen Wohlfahrtsleistungen, die im Zuge der Abholzung des Regenwalds, unwiderruflich verloren gehen könnten.

> Diese Leistungen sind sehr vielfältig. Dazu zählen die Regulation des Gashaushalts der Erde, die Steuerung des Klimas, die Produktion von Biomasse, die Regulation des Wasserhaushalts und die Versorgung mit Wasser, die Bodenbildung und die Erosionskontrolle sowie die Aufrechterhaltung von Nährstoffkreisläufen. (Reinhardt et al., 2007:23)

Kein anderes Ökosystem der Erde hat solche globalen Auswirkungen wie der tropische Regenwald. Den schwerwiegendsten Eingriff in dieses Ökosystem stellen Brandrodungen dar, die vor allem aus Kosten- und Zeitgründen durchgeführt werden und dabei häufig unkontrolliert ablaufen, was bedeutet, dass sehr viel größere Teile Primärwald vernichtet werden, als legal wäre (vgl. Reinhardt et al., 2007:24). Wenn Wälder durch Brände gerodet werden, fällt nicht nur die Vegetation weg, die Kohlenstoffdioxid absorbieren könnte, sondern es werden dazu noch große Mengen CO_2 durch die Feuer freigesetzt, was mit hoher Wahrscheinlichkeit zur globalen Klimaerwärmung beiträgt (vgl. Pye, 2008:445). Dieser Aspekt wird in Kapitel 5 näher erläutert.

4.3 Soziale Folgen des Ölpalmbooms

Um Platz für neue Palmölplantagen zu gewinnen, finden nicht selten Landenteignungen statt. Häufig handelt es sich dabei um Land indigener Völker, „die kein individuelles Landeigentum und schon gar keine schriftlich festgelegte Landaufteilung" (Scholz, 2004:14) kennen. „Alles jemals genutzte Land ist Eigentum derjenigen Sippe, die dort als erste gerodet hat" (Scholz, 2004:14f). Der Umgang der Plantagengesellschaften mit der Bevölkerung und deren Interessen ist meistens rücksichtslos. Deshalb kommt es mit der Erschließung jeder neuen Plantage auch zu sozialen Konflikten mit der Bevölkerung, die zum Teil mit grober Gewalt einhergehen. Pye (2008:441) schreibt, dass allein im Januar 2008 513 solcher aktiven Konflikte zwischen der lokalen Bevölkerung und Palmölunternehmen von der NGO *Sawit Watch* beobachtet wurden.

Scholz (2004:15) sieht jedoch auch soziale Vorteile der Plantagenwirtschaft, schließlich werden viele Arbeitsplätze geschaffen. So werden auf einer durchschnittlichen Plantage mit Fabrik und Verwaltung circa 2.500 Arbeitskräfte benötigt. Bereits im Jahr 2002 waren insgesamt 4 Mio. Arbeitskräfte im indonesischen Palmölsektor beschäftigt (vgl. Scholz 2004:15). Sollte der Bedarf an Palmöl in Europa durch die Beimischung des Biodiesels von 10% wie geplant stark ansteigen, so ist davon auszugehen, dass auch der Bedarf an Arbeitskräften in diesem Sektor um ein vielfaches zunimmt. Die Niedrigstlöhne von zum Teil unter zwei Euro pro Tag bleiben jedoch so lange so niedrig bis die Arbeitskräfte knapp werden. Sollten die Löhne steigen, würde dies wiederum die Konkurrenzfähigkeit von Palmöl aufgrund der gestiegenen Produktionskosten gefährden.

Für die Erschließung der Plantagen muss vielfach auch die kleinbäuerliche und subsistenzorientierte Landwirtschaft weichen. Um Konflikte mit diesen Landwirten zu vermeiden, wird ihnen häufig angeboten, mit vom Palmölboom zu profitieren. Dies sind jedoch meist leere Versprechungen. Die Kontraktbauern bekommen zwei ha Land um es mit Ölpalmen zu bewirtschaften und einen halben ha für Hof und Garten. Die Kosten zur Landvorbereitung, der Pflanzen und für Dünger müssen die Kontraktbauern jedoch selbst tragen. Hinzu kommt die lange Vorertragszeit der Ölpalme, sodass die Bauern in den ersten Jahren nur Verlust machen, was sie in den meisten Fällen letztendlich dazu zwingt, das Land an die Plantagengesellschaften zu verkaufen (vgl. Pye, 2008:442).

Der massenhafte Anbau der Ölpalme verdrängt außerdem den Anbau von Grundnahrungsmitteln wie Reis oder Hirse. Dies hat stark ansteigende Lebensmittelpreise und Versorgungsengpässe zur Folge (vgl. WWF, 2007:2). Die Weltbank macht Biotreibstoffe in Verbindung mit den Palmölplantagen sogar zu 75% für den Anstieg der Lebensmittelpreise verantwortlich (Pye, 2008:430).

5. Die CO2-Bilanz

Die Kohlenstoffbilanz entscheidet darüber, ob ein bestimmtes Pflanzenöl auf dem europäischen Markt als Biodiesel eingesetzt werden darf oder nicht. Laut EU sollen durch den Gebrauch von Biotreibstoffen, die Treibhausgasemissionen um 35 Prozent reduziert werden (vgl. Pye, 2008:446). Dies ist ebenfalls das Hauptkriterium um als „Bio-"Kraftstoff zertifiziert zu werden. Die Kohlenstoffbilanz drückt also das Verhältnis zwischen CO2-Emissionen durch die Verbrennung des Kraftstoffs und der CO2-Absorption durch die Photosynthese der Pflanze aus. Ist die Bilanz positiv (wie es von der EU gefordert wird) wird mehr CO2 absorbiert als emittiert. Genau wie Soja, Raps oder Canola hat auch Palmöl – zumindest auf den ersten Blick – eine positive Emissionsbilanz, da es eine Reduzierung des Kohlenstoffdioxids von circa 60% erreicht. Bei dieser Rechnung werden jedoch die wesentlichen Faktoren außer Acht gelassen. So muss bedacht werden, dass eine Palmölplantage aufgrund ihrer Monokultur nicht die gleiche Menge CO2 absorbieren kann, wie ein dicht bewachsener Primärwald. Außerdem kommen die immensen CO2-Emissionen hinzu, die durch das Brandroden der Wälder und das Abrennen der Torfböden entstehen (vgl. Pye 2008:449). Laut Studie von *Wetlands International* (vgl. Hooijer, Silvius, Wösten, & Page, 2006:3) werden allein durch das Abrennen der Torfböden jährlich 2.000 Megatonnen CO2 freigesetzt. Dies entspricht ungefähr 8% der globalen CO2-Emissionen. Über 90% davon stammen aus Indonesien, wodurch es nach den USA und China Platz drei der größten Kohlenstoffdioxid emittierenden Länder einnimmt.

6. Fazit

Schenkt man dem MPOC glauben, so handelt es sich bei Palmöl wohlmöglich um eine geeignete Lösung, um auf nachhaltige Art und Weise unabhängig vom fossilen Rohöl zu werden. Auch die Richtigkeit der Statistiken und das Einhalten von Gesetzen, die das MPOC den Palmöl-Kritikern entgegensetzt, sind nicht unbedingt anzuzweifeln (siehe http://mpoc.org.my/Palm_Oil_and_The_Environment.aspx). Jedoch muss hierbei eines bedacht werden: Das MPOC bezieht sich dabei nur auf den Palmölanbau in Malaysia und nicht etwa auf den Palmölanbau dort, wo malaysische Firmen unterdessen hauptsächlich expandieren und Regenwald und Torfböden brandroden, um möglichst schnell viel Platz für neue Palmölplantagen zu schaffen – nämlich in Indonesien.

Die Ölpalme ist eine Pflanze mit viel Potenzial, jedoch zeigt sich, dass ihr massenhafter Anbau auf Plantagen vor allem in Indonesien schon jetzt nicht nachhaltig stattfindet. Sollte die Produktion von Palmöl in Indonesien bis 2020, aufgrund der Nachfrage Europas nach Biodiesel, verdoppelt werden, wären die globalen Konsequenzen sicherlich gravierend. Kann der 10-prozentige Biokraftstoffzusatz, wie er von der EU verlangt wird, nur mit der Beimischung von Biodiesel, das aus Palmöl gewonnen wird, erreicht werden, so sollte die EU dieses Ziel schnellstmöglich hinterfragen.

Vorhandene Landwirtschaftsflächen konnten den Bedarf in der Vergangenheit nicht decken und werden es auch in Zukunft nicht decken können, so dass vermehrtes Abholzen und Brandroden des Primärwaldes unvermeidlich wäre, um Platz für Palmölplantagen zu gewinnen, sollte die Produktion wie geplant ansteigen. Würden jedoch vermehrt vorhandene Landwirtschaftsflächen verwendet werden, so würde dies gleichzeitig zu einer Verdrängung anderer wichtigen Nutzpflanzen wie Reis oder Hirse führen und folglich könnte eine Versorgung an Grundnahrungsmitteln nicht mehr sicher gestellt werden. Dieses Dilemma zeigt, dass eine Steigerung der Produktion von Palmöl aus ökologischen und sozialen Gründen verheerend sein kann.

Primär wäre es jedoch wichtig, wie von Greenpeace (2007:10) und anderen NGOs gefordert, die Verbrennung und „Zerstörung der Torfgebiete umgehend einzustellen", um die extremen CO_2-Emissionen einzudämmen.

7. Literatur

Breuer, T., Delzeit, R., & Becker, A. (2008). Biofuels: Die globale Renaissance der "Kraftstoffe vom Acker". *Geographische Rundschau 60, Heft 1* , S. 58-64.

Brown, E., & Jacobson, M. F. (2005). *Cruel Oil: How Palm Oil Harms Health, Rainforest & Wildlife.* Washington D.C.: Center for Science in the Public Interest.

Central Intelligence Agency. (05. März 2010). *Indonesia.* Abgerufen am 14. März 2010 von CIA - The World Factbook: https://www.cia.gov/library/publications/the-world-factbook/geos/id.html

Europäische Union. (2007). *Förderung von Biokraftstoffen als verlässliche Alternative zum Öl im Verkehrssektor.* Brüssel: Europäische Union.

Glastra, R., Wakker, E., & Richert, W. (2002). *Kahlschlag zum Frühstück.* Frankfurt am Main: WWF Deutschland.

Greenpeace. (Oktober 2007). *Zerstörte Wälder, Klimawandel und indonesisches Palmöl: Wie die Umwandlung von indonesischen Wäldern in Palmölplantagen das Klima anheizt.* Abgerufen am 7. Januar 2010 von www.greenpeace.ch: http://www.greenpeace.ch/fileadmin/user_upload/Downloads/de/Wald/2007_FS _KlimaPamoel.pdf

Hooijer, A., Silvius, M., Wösten, H., & Page, S. (2006). *PEAT-CO2: Assessment of CO2 emissions from drained peatlands in SE Asia.* Delft: Delft Hydraulics report Q3943.

MPOC. (27. Mai 2009). *Palm Oil - the Green Answer.* Abgerufen am 14. März 2010 von Malaysian Palm Oil Council: http://www.ceopalmoil.com/download/papers/Palm%20Oil%20- %20The%20Green%20Answer.pdf

Pye, O. (Januar 2009). Greenwash: Agrosprit und der Palmölboom in Südostasien. *Südostasien* , S. 11-15.

Pye, O. (2008). Nachhaltige Profitmaximierung: Der Palmöl-Industrielle Komplex und die Debatte um "nachhaltige Biokraftstoffe". *Peripherie Nr. 112, 28* , S. 429-455.

Reinhardt, G., Rettenmaier, N., & Gärtner, S. (2007). *Regenwald für Biodiesel.* Frankfurt am Main: WWF Deutschland.

Scholz, U. (2004). Ölpest im Regenwald?: Der Ölpalmboom in Malaysia und Indonesien. *Geographische Rundschau 56, Heft 11* , S. 10-17.

Strube-Edelmann, B. (2006). *Aufstieg von Entwicklungsländern in die Gruppe der Schwellenländer.* Berlin: Wissenschaftliche Dienste des Deutschen Bundestages.

WWF. (August 2007). *Hintergrundinformation: Energie aus Palmöl.* Abgerufen am 8. Januar 2010 von www.wwf.de: http://www.wwf.de/fileadmin/fm-wwf/pdf_neu/HG_Palmoel.pdf